ENCORE

QUELQUES ARGUMENS

CONTRE

LE ZODIAQUE.

———

Une ancienne sphère astronomique composée d'un grand nombre de symboles ingénieux, systématiquement arrangés, a été morcelée d'une manière extravagante (1). Après avoir

———————

(1) Voyez *le Zodiaque expliqué, ou Recherches sur l'origine et la signification des Constellations de la Sphère grecque*, dans lesquelles on établit que les douze signes du zodiaque, loin d'être le plus ancien monument astronomique, ne sont qu'un démembrement informe de la sphère faussement attribuée aux Grecs; que cette sphère fut inventée environ 1400 ans avant notre ère, et qu'elle renferme un système d'emblêmes géographiques qui se rapportent aux pays voisins du Caucase et de la mer Caspienne. Traduit du suédois, de C. G. S., avec carte et planches; deuxième édition. A Paris, chez Migneret, rue

1

transporté hors de leur place douze ou quatorze images situées auprès de l'écliptique, et après les avoir défigurées et leur avoir imposé des dénominations bizarres, on a prétendu qu'elles avoient été ainsi originairement inventées par des pâtres et des agriculteurs, pour servir de signes de calendrier. Voilà ce que l'on appelle zodiaque.

Mais si l'histoire de l'astronomie expose, avec un soin particulier, les longs tâtonnemens de tous les peuples civilisés, pour arriver à fixer exactement la longueur de l'année à 365 jours, et presque un quart, ou environ trente jours dix heures et demie pour chaque mois, comment nous débiter en même temps que des hommes ignorans et grossiers ont su diviser l'écliptique en douze portions égales de 30° chacune, et tracer dans le ciel un zodiaque solaire? Le bon sens ne dit-il pas que la chose est impossible? Quelle est donc l'origine de ce

du Dragon, N.° 20, 1809. — Et *Mémoire explicatif sur la sphère Caucasienne, et spécialement sur le Zodiaque,* où l'on prouve que ce dernier monument, sous quelque forme qu'il puisse se présenter, doit être jugé indigne de toute attention de la part des astronomes et des archéologues, n'ayant jamais été dans l'origine qu'une pure rêverie astrologique. Du même Auteur et chez le même libraire. 1813. (1814) in-4.°

jugement erroné de la part des astronomes ?
Nous allons l'expliquer.

Environ quatorze siècles avant notre ère, un
homme de génie a fait en Asie une sphère con-
tenant un système de symboles géographiques,
qui s'étendent depuis le pôle boréal jusques à
l'horizon : il avoit chosi pour lieu d'observation
un endroit situé à-peu-près sous le 40° de lati-
tude. Dans cette sphère il règne un grand esprit d'ordre, et à force de recherches on y distingue une division du ciel en douze parties , à
partir du pôle de l'écliptique et en traversant
ce grand cercle , afin de pouvoir distribuer les
symboles d'après une certaine méthode, sans
cependant que l'inventeur se soit astreint à
assigner toujours une égale étendue aux images qu'il plaça le plus près de la route an-
nuelle du soleil. Le nombre des images qui
occupent l'écliptique est même , strictement
parlant , de quatorze au lieu de douze, car il
y a deux poissons et deux enfans. La division
du ciel en douze parties, semble avoir été dic-
tée par l'usage national de diviser un jour et
une nuit en douze heures (au lieu de vingt-
quatre), comme cela se pratique encore chez
une foule de peuples civilisés en Asie. Alors
comme la voûte étoilée fait une révolution
complète dans ces douze heures, ou depuis un

minuit à un autre, une division par douze li-
gnes de distribution, pour l'arrangement des
symboles géographiques, pouvoit être adoptée
par l'auteur de la sphère avec grande raison.

Avec le temps on abusa de cette sphère,
comme on peut faire de toute autre chose. La
grande variété des symboles, et leur bizarrerie
apparente, se prêtoient merveilleusement à servir de moyen pour captiver l'admiration du
peuple et tromper sa crédulité. On imagina une
science mensongère, qui enseignoit que les
constellations exerçoient une grande influence
sur les destinées humaines ; et entre autres rap-
prochemens merveilleux on prétendit qu'il y
avoit une représentation calendérique des douze
mois de l'année, dans douze constellations auprès de l'écliptique. Chaque mois fut censé pré-
sidé par une image zodiacale. Il falloit alors
naturellement pouvoir donner une forme et un
nom à chacun des prétendus douze signes.

Pour cet effet, la composition originale de
la sphère fut impitoyablement déchirée. Le
scorpion ne retint plus de trace du pied du
serpentaire ; le verseau fut dessiné sans le poisson austral ; les deux poissons furent séparés
du cou de la baleine, etc., etc. Mille incon-
gruités dans la représentation, dans l'étendue
et dans l'emplacement de chacun des douze ou

quatorze symboles , ne furent comptées pour rien. On traçoit avec profusion ces prétendus signes du zodiaque sur tous les monumens. N'ayant nulle part de véritable modèle à consulter, on se permettoit des variations à l'infini ; une infidélité ne coûtoit pas plus qu'une autre depuis que l'on avoit mis la sphère de côté ; car elle seule représentoit les constellations en harmonie avec les étoiles , suivant les véritables intentions de l'inventeur des symboles primitifs.

Ainsi se perdirent peu-à-peu toutes les traditions sur la nature et l'origine des ingénieux symboles géographiques de la sphère. Cette sphère originale ne fut conservée que par quelques savans , tandis que douze lambeaux informes furent prônés par-tout comme des dessins primitifs, et même comme étant très-antérieurs à toute la composition précieuse dont ils avoient été si indignement arrachés ; et , chose étonnante , plus les efforts pour donner une forme et une signification fixe à ces images d'amulette furent impuissans , plus une admiration aveugle s'obstinoit à y attacher du prix et de la vénération.

Il seroit facile de faire une foule d'observations piquantes sur ce déchirement sacrilège de la sphère primitive, et sur les monstruosités dans la forme et le nom des signes du zodiaque ; entre autres celui qui est appelé le *capricorne*, fournit un bon exemple de la futilité des argumens qu'on a jusqu'ici avancés dans tant de traités savans sur les douze signes.

Il entroit dans le système de l'auteur de la sphère, de représenter la rivière d'Araxe, en Arménie, par un symbole qui caractérisât la rapidité de son cours. Pour cet effet il joignit une antélope à un poisson. Dans la plupart des zodiaques, cette forme a été généralement maintenue, malgré l'absurdité de faire concourir un dessin si monstrueux avec le prétendu but des signes, savoir, de servir de calendrier rural, et de vouloir faire passer une telle figure pour une invention d'hommes simples et ignorans, de pâtres et de laboureurs. Mais comment trouver une dénomination qui cachât la falsification de la sphère ? La chose n'étoit pas facile. Aussi est-ce principalement à l'occasion de ce symbole, que l'on peut attendre de pied ferme tous les partisans du zodiaque, et les défier de fournir le moindre argument plausible pour soutenir leurs erreurs. L'astronomie de l'Indoustan, certainement plus ancienne que celle de la Grèce, nomme ce signe du zodiaque par le mot assez équivoque de *monstre-marin ou antelope-marine*. Les Grecs ont donné au même signe le nom d'Αιγοκερως, traduit littéralement dans la langue latine par *capricornus*, d'où notre capricorne. A présent n'est-il pas bien singulier que le même travail des champs soit indiqué dans l'Inde par un mot qui se rapporte à l'eau, tandis que dans le calendrier rural en Grèce il se rapporte aux montagnes, séjour ordinaire des boucs et des chèvres? Il faut donc avouer qu'il y a ici une singulière imperfection dans un œuvre comme le zodiaque, inventé par des gens simples, et destiné à l'usage de la classe le moins en état de résoudre des compositions et des dénominations énigmatiques.

Mais si l'on a fait quelque violence à l'exactitude grammaticale, dans la dénomination du symbole du *poisson-antelope*, et chez les Indous et chez les Grecs, il y a compensation chez tous les deux dans la plénitude du dessin du signe du taureau. L'auteur de la sphère, voulant représenter les suites désastreuses des inondations subites sur les rives du Kour, occasionnées par les orages violens et la fonte des neiges dans le Caucase, a figuré un énorme poisson qui vomit de l'eau sur un taureau ou sur une vache, dont la moitié du corps manque absolument, comme si l'animal s'étoit enfoncé dans la vase, et étoit sur le point d'être noyé (1). Mais dans tous les zodiaques, on distingue parfaitement tout le contour d'un bœuf, et selon les idées des partisans des douze signes, cet animal indique le labourage. Cependant il faut avouer que le dessin estropié, et l'attitude souffrante du bœuf de la sphère (2), est d'autant plus difficile à concilier avec la doctrine des partisans du zodiaque, qu'il a toujours dû manquer d'une place suffisante pour compléter le corps de cet animal dans le ciel; car, d'un côté, le corps du bélier défend de s'étendre en arrière; et d'un autre, l'étoile brillante de la tête, l'*aldebaran*, empêche de le faire avancer.

Ce mépris inconcevable de la véritable forme des constellations, quand il s'agit des signes du zodiaque, est encore très-remarquable dans

---

(1) *Vacca sit an taurus non est cognoscere promptum*
Pars prior apparet, posteriora latent.

Ovid. fast. IV, 715.

(2) . . . . *Taurus*
Succidit incurvo claudus pede . . . .
. . . .
Sic nostros casus solatur mundus in astris,
Exemploque docet patienter damna subire.

Manil. lib. II, v. 254-258.

le dessin du signe, dit *des poissons*. La sphère
donne à entendre par le symbole de deux poissons attachés au cou de la baleine, que les tor-
rens et les rivières du Caucase vers la Géorgie,
tombent tous dans le Kour, qui par là se trouve
forcé de déborder et d'occasionner des inondations. Cette intention de l'auteur de la sphère ex-
plique pourquoi les deux petits poissons sont
placés au-dessus de l'écliptique, et le cétacée au-
dessous de ce cercle ; car, étant enchaînés ensem-
ble, ils expriment une même action, et doivent
appartenir au même signe, si la sphère pouvoit
être divisée près de l'écliptique en douze grou-
pes séparés. Mais les admirateurs des zodiaques
ne se laissent pas arrêter par ces sortes de mi-
nuties. Il leur suffit que deux poissons soient
dessinés couchés l'un sur l'autre, ou tournés
l'un contre l'autre, avec des liens ou sans
liens, tout comme on voudra. Les pâtres et les
agriculteurs ont voulu que ce signe portât la
forme et le nom de *deux poissons* ; mais la manière dont on les a placés dans le ciel n'inquiète
nullement les partisans du zodiaque, et cependant ils soutiennent que ce sont de véritables
constellations !

Les gémeaux sont deux enfans accouplés.
Quelques zodiaques représentent un jeune gar-
çon et une jeune fille, comme on le voit dans

le zodiaque Indien copié par W. Jones. Or, il résulte de la représentation du signe des poissons et de celui des gémeaux, qu'il devoit y avoir réellement quatorze figures ou signes du zodiaque. Aussi ne doit-on pas être étonné de rencontrer en Egypte une foule de monumens qui indiquent des allusions très-expressives au nombre de quatorze.

Nous avons vu avec combien peu de scrupules les partisans du zodiaque se mettent au-dessus de toute coïncidence entre les douze signes et les symboles astronomiques de la sphère primitive, qui cependant devroient être la véritable source de ces prétendus signes. On diroit donc volontiers que les amateurs des zodiaques se règlent entre eux d'après une certaine astronomie murale et monumentale, qui semble n'avoir rien à faire avec les étoiles. A les entendre on diroit même qu'un zodiaque tracé sur les parois d'une mine, à plusieurs centaines de toises sous la terre, est un monument aussi bien fait pour constater l'antiquité et la nature du zodiaque, que les figures dessinées sur un globe céleste, et qu'un zodiaque souterrain avec les douze signes d'une même étendue indiqueroit, d'une manière indubitable, que chaque signe répond à environ trente jours dix heures et demie, et par conséquent exprimeroit la longueur précise de l'année. En vain prouveroit-on , le globe céleste à la main , que le lion , la vierge et les poissons sont des constellations beaucoup plus étendues que trente degrés , et que l'écrevisse et la balance occupent moins d'espace dans l'écliptique, qu'il ne devoit leur en revenir , si ce cercle eût été bien divisé en douze portions égales ; tout cela n'ébranlera probablement en rien leur conviction sur la véracité et l'originalité des douze signes , tels que l'on pourroit les rencontrer sur tous les anciens monumens , même les plus informes.

En vérité , quand l'engouement pour le zodiaque aura cessé , ce qui ne peut pas tarder d'arriver , on aura de la peine à concevoir comment des savans qui s'occupent habituellement des calculs les plus délicats , et d'une précision si étonnante qu'elle échappe à la conception de la généralité des hommes instruits , ont pu se laisser si long-temps séduire par des contes absurdes sur des images qui , séparées de leur cadre original , sont entièrement arbitraires et très-ridicules dans la forme et dans la dénomination. C'est uniquement dans une grande composition systématique , consistant en plus de cinquante symboles , où les mêmes singularités de conformation se trouvent souvent répétées , et où on peut, par conséquent avec probabilité, soupçonner une intention raisonnable, qu'une écrevisse, un lion, une femme ailée, une balance, un scorpion, etc., pourront renfermer un sens quelconque ; mais comment fût-il jamais possible de supposer sérieusement que ces images, prises séparément, fussent des indicateurs des travaux ou des marques placés dans le ciel, pour répondre à la division de l'année en douze parties, d'autant plus qu'il a toujours dû exister une inégalité choquante dans leur étendue? Or, ce qui n'est pas d'une égale étendue dans le ciel, comment peut-il servir à mesurer une égale portion de temps, quand ce temps doit être déterminé par la marche du soleil dans l'écliptique? On dit proverbialement, pour caractériser une chose impossible, que l'on veut prendre la lune avec les dents ; mais on peut dire, avec grande vérité, que les partisans du zodiaque s'exposent à être taxés de vouloir faire violence au soleil. Cet astre, pour traverser dans le ciel le lion et la vierge, a besoin de deux fois le même temps que pour parcourir les gémeaux et l'écrevisse ; et comme d'après les idées accréditées sur le zodiaque, chaque signe doit répondre exactement à une douzième partie de l'année, il sembleroit donc que l'on prétend que le soleil doit accélérer sa marche

dans les trop grandes constellations, et la ral-
lentir dans celles qui sont trop petites!

C'est ainsi que l'astronomie zodiacale est en
opposition avec les véritables places des constellations, et avec la véritable marche du soleil
dans l'écliptique.

Du reste, ne seroit-ce pas une chose étrange
de voir les amis de l'astronomie refuser de gaîté
de cœur de reconnoître que l'origine de cette
science sublime, et celle des figures des constellations primitives, doivent être attribuées à
un travail infatigable, et aux conceptions heu-
reuses d'un homme de génie, qui auroit copié
les étoiles sur un globe, d'une manière scienti-
fique, à l'époque reculée, mais fixée avec
probabilité, de quatorze siècles avant notre
ère, plutôt que de rapporter le commence-
ment de leur science à des gens grossiers, des
pâtres et des agriculteurs, qui, dans aucun
pays du monde, n'ont jamais pu concevoir
toute la précision qu'il faut employer dans des
observations astronomiques? Comment des
hommes éclairés pourroient-ils balancer à reconnoître qu'une sphère astronomique, copiée
et répandue dans plusieurs parties de l'ancien
monde, parmi les prêtres et les savans, offrît
seule une faculté égale à tous les astrologues,
de composer des zodiaques imaginaires qui de-

voient se ressembler dans toutes les parties essentielles, tandis que la supposition d'un calendrier primitif, renfermant des signes indicateurs des travaux, rencontre un obstacle invincible dans la diversité des climats et dans l'étude que chaque peuple devoit en faire, ce qui, par conséquent, auroit dû produire un zodiaque particulier chez chacun d'eux ? On sait que l'année commence différemment, ou par un des solstices, ou par un des équinoxes, même chez des peuples voisins; et comment peut-on donc s'imaginer que dans l'usage du calendrier solaire, tous les peuples se seroient accordés pour commencer et finir l'année de la même manière ? D'ailleurs, la précession des équinoxes qui, d'après le laps de mille ans seulement, doit déranger tout calendrier zodiacal de la moitié d'un mois, n'auroit-elle pas bientôt ruiné entièrement toute confiance pour des signes qui ne pouvoient avoir de véritable valeur, qu'autant qu'ils répondoient constamment à la même partie de l'année ? Toutes ces difficultés cessent d'embarrasser, dès le moment que l'on reconnoît la sphère astronomique qui renferme nos constellations, comme ayant été la source unique de tous les zodiaques.

Par quel prestige les yeux de tant d'hommes savans ont-ils donc été si long-temps fascinés !

Comment a-t-on pu s'accrocher avec entête-
ment à quelques lambeaux informes, et mettre
son esprit à la torture pour y découvrir des intentions raisonnables, comme si la véritable
composition originale était totalement perdue,
tandis que toute la sphère primitive a toujours
été sous la main, et s'offre encore aujourd'hui
à notre examen dans l'état le plus satisfaisant !
Est-ce donc ainsi que, de propos délibéré, on
doit se priver du plaisir de découvrir mille
beautés du langage allégorique des dessins des
constellations, dont s'est servi l'auteur de la
sphère ? Faut-il aveuglément sanctionner le
déchirement inconsidéré d'une invention du
génie, en attribuant à des hommes ignorans
douze images défigurées et travesties, dans la
forme et dans la dénomination desquelles on
ne pourra cependant entièrement effacer les
traces d'une origine plus relevée ? Ce n'est pas
là, ce semble, la route qu'il faut prendre,
quand on se propose d'ajouter à la somme des
connoissances humaines.

Que les savans de l'Europe éclairée rejettent
donc un préjugé qui, à la honte d'une science
sublime, a trop long-temps trouvé une place
parmi tant de calculs ingénieux, preuves écla-
tantes de la profondeur de l'esprit humain, et
de l'immensité de ses conceptions.

Déja un astronome célèbre a formé le vœu que la manière de compter par signes fût abolie. Voici ses propres paroles : *La dénomination de signe sera probablement bientôt bannie de l'astronomie pratique* (1); et que le zodiaque disparoisse pour toujours de tous les livres, excepté, s'il le faut, de l'almanach du Liégeois Mathieu Laensberg, c'est le vœu d'un ami de la vérité.

---

(1) Abrégé d'Astronomie, par M. Delambre, p. 203.

F I N.

IMPRIMERIE DE MADAME VEUVE MIGNERET,
Rue du Dragon, faubourg S. G., N.° 20.